U0155084

·解锁动物生存密码·

炫耀达人

美丽，不止羽毛

懿海文化　著/绘

高琼　译

科学普及出版社
·北京·

CONTENTS 目录

· 谨以此书献给乔 ·

大人们总是不厌其烦地告诫孩子不要炫耀，而这本书里要讲的动物才不会听这种劝告呢。它们酷爱炫耀，炫耀几乎就是它们的家常便饭。

纵观整个动物王国，甚至植物王国，炫耀的行为比比皆是。出于各种各样的原因，很多动物都需要引起其他动物的关注，于是它们想方设法释放信号，仿佛在大声喊叫："快看我，我可是重要人物！"当然，动物们并不总是通过大喊大叫来赢得关注。它们吸引关注的信号可以是动听的歌声、艳丽的外表、优美的舞姿，也可以是诱人的香气。生物学家将这种行为叫作"展示"，但这只不过是炫耀的另一种说法。就像花儿无时无刻不在炫耀。如果让一朵玫瑰别再炫耀，世界上就会少一份美丽。

动物的炫耀行为一定有合理的理由。本套书的另外一册《伪装大师》主要介绍了一些动物隐藏自己的本领。有些动物隐藏起来是为了躲避捕食者，有些则是为了捕捉猎物。在捕食者四面埋伏的大自然里，什么动物能依靠炫耀生存下来呢？

展示自己的确有很多好处，但同时也暗藏危险。有些动物依靠展示行为让它们的群体更加团结，其作用和少数民族的特色服饰和军人们整齐划一的军装类似。有些动物则必须通过展示自己才能找到配偶。

❗ 这是一根雄孔雀的羽毛，上面有醒目的"眼睛"图案。当雄孔雀展开大大的尾屏时，成百上千根这样的羽毛便会呈现在我们眼前。

在动物界，通常是雄性展示各种姿态或打扮自己，让雌性从中挑选配偶。然而，有些动物打扮自己仅仅是为了发出这样的警告："敢动我一下试试，你会后悔的。"还有少数展示是一种变相的伪装，比如没有任何威胁的动物假扮成比较危险的动物。

我们喜欢爱炫耀的动物，炫耀能让生活变得更加丰富多彩。假如生活只有一种模样，比如所有人都只能穿灰色西装，那么世界将会变得多么可怕。

犀鸟是一种生活在北洲和东南亚的鸟类。它们的个头有大有小，体长从45厘米到1.5米不等。有些犀鸟的鸟喙上方长有一个盔突——一个板状物或空心管，有点儿像犀牛角，这种犀鸟便是马来犀鸟。马来犀鸟生活在马来西亚和印度尼西亚的热带雨林里，是体形较大的犀鸟之一。雌性马来犀鸟准备产卵时，会和雄性配偶一起找一个树洞钻进去，在雄鸟的帮助下用泥巴封住洞口，只留一个用于通气的窄缝。接下来的一个多月里，雌鸟便会在洞里产卵、孵化雏鸟，在此期间，全靠雄鸟为它觅食。雏鸟被孵化出来后，雄鸟还会承担喂养雏鸟的责任，直到雏鸟羽毛丰满、能够从洞里飞出来为止。

图中这只马来犀鸟长着巨大的盔突。盔突向上弯曲，看上去很重，但其实是空心的，而且极轻。盔突除了能防止树枝刮伤眼睛，还很有可能具有广告的作用——宣告它是一个合格的雄性配偶，很会垒墙，而且有能力照顾好雌鸟。马来犀鸟主要以坚果、水果和昆虫为食。它们能够把喙伸进密实的树枝和灌木丛里，从一大簇成熟的果实里挑选出最好的那个，然后用香肠般的长舌头轻轻一卷，将果实囫囵吞下。

秀丽伞鸟 / 精美的羽毛

　　世界上有十几种伞鸟，其中，雄性伞鸟个个鲜艳夺目。比如，生活在中美洲的雄性秀丽伞鸟全身大部分羽毛呈孔雀蓝色，前胸有一片鲜艳的紫红色羽毛，在森林的阳光下散发出迷人的光泽。相比之下，雌性秀丽伞鸟就朴素多了，其羽毛颜色比较接近周围植被或树皮的颜色。求偶时，雄鸟会展开一场别开生面的舞蹈比赛，反复卖力展示，希望引起雌鸟的注意。雌鸟则挑剔地打量着它们，经过一番慎重的考虑，最终做出选择，与心仪的雄鸟结为伴侣。此后，繁殖和哺育后代就全是雌鸟的事了，它们负责筑巢、产卵、孵化雏鸟，而雄鸟则继续展示自己的美。

　　羽毛艳丽的雄鸟更加显眼，也更有可能被捕食。有些人认为，这绝对是虚荣自负的代价。然而，正是因为它们引来了捕食者，巢里那些防御能力较弱的雌鸟才得以躲过捕食者的眼睛。这么说来，它们是不是又变成身披蓝色战袍、舍身保卫家人的大英雄了呢？我们对伞鸟的了解还不够多，不敢妄下论断，严谨的生物学家也不会为这种炫耀行为赋予道德色彩，这只是中美洲丛林里一种奇怪而有效的"养家"方式。

象海豹 / 鼻子警告

　　正值初春，繁殖季节刚刚开始，这两头雄性象海豹已然成为竞争对手。几天之后，十几头雌性象海豹将会费力地爬上沙滩，准备生下小象海豹。雌性象海豹产后两到三周，就能完全恢复，做好交配准备。

　　一片海滩上通常会有一个体形庞大的雄性"海滩主"，它会与领地上的所有雌性进行交配，不给其他雄性留一点儿机会。来年出生的小象海豹都是这个海滩主的后代。不处于繁殖季节的时候，雄性象海豹们彼此相安无事，关系融洽。但随着春天的来临，它们开始暗自较量，鼻子会变得又大又长，像象鼻子一样沉沉垂下。

　　如果两个竞争对手狭路相逢，双方就都会让鼻子膨胀起来，奋力嘶吼，通过鼻腔放大音量。随

后，双方正式开战，场面通常野蛮而血腥。胜利者暂时成为这片海滩的主人，鼻子也随之恢复原样，直到下一个挑战者出现。

❶ 我们现在看到的是一头成熟的雄性象海豹，大约15岁，从鼻子到尾巴长6米。它的对手（左边）比较年轻，个头稍小一些。但它们都比身后的雌性象海豹大得多。

金狮面狨 / *所剩无几*

　　金狮面狨是南美洲的一种猴，生活在巴西南部的热带雨林里。金狮面狨体长约30厘米，毛茸茸的尾巴比身体还要长一点儿。在光影斑驳的森林里，要找到它们可不太容易。你得聚精会神，还得凭点儿运气，才可能有机会看到一只，因为它们在这个星球上已经所剩无几。

　　金狮面狨用黑色的小爪子在丛林里奔跑、跳跃，像杂技演员一样在树枝间跳来跳去，还会抓着树枝荡秋千。在阳光下，它们的毛发泛着光泽，面部周围像雄狮鬃毛一样的毛更是熠熠闪光。金狮面狨通常以家庭为单位结伴而行。雄性金狮面狨在前面带路，雌性金狮面狨紧随其后——一两只金狮面狨宝宝稳稳地趴在妈妈背上，几只前一年出生的小金狮面狨则紧紧跟在身边。它们吱吱地叫着，手里拿着熟透的果子，边吃边找。它们偶尔也会到地面上找一些蟋蟀或其他昆虫来吃，一旦发现危险就立即上树。

　　右图向我们展示了三种狨猴——披着鲜艳醒目鬃毛的金狮面狨（中间）、黑白相间的棉顶狨（左边）和长着大胡子的髭狨（右边）。它们的毛皮颜色和形态都具有炫耀作用，能让这些小动物对同类更有吸引力。不幸的是，这样的外表对人类也很有吸引力。人类将大量狨猴带出森林，将其作为宠物出售。现在，一种新的威胁更是让它们的处境雪上加霜。为了得到木材、开垦田地、建造房屋，人类砍掉一片一片的森林，使狨猴失去了赖以生存的家园。如今，棉顶狨已十分稀少，金狮面狨也已经是濒危物种了。

环尾狐猴 | 气味的较量

在远离非洲大陆东海岸线的马达加斯加群岛和附近的科摩罗群岛上，生活着大约17种不同的狐猴。它们和猴子是近亲，栖息在森林里，主要以水果、坚果和昆虫为食。狐猴的英文名是"lemur"，在拉丁文中是"暗夜精灵"的意思。狐猴大多只在黄昏到黎明之间活动，但环尾狐猴是在白天活动的。

在所有狐猴中，只有环尾狐猴拥有这种毛茸茸的、带着优雅条纹的尾巴。它们常常成群结队在森林里穿行。一个猴群至少有十几只环尾狐猴，包括几只成年雄性和成年雌性，以及它们的后代。阳光明媚的时候，林中空地上可能会出现一群环尾狐猴。它们有的正襟危坐，环顾四周，比如这只眼睛睁得大大的环尾狐猴妈妈和这只小环尾狐猴；有的则站立起来，将尾巴高高竖起，像旗帜一样轻轻挥舞。

这是在举行选美大赛吗？看看谁的尾巴最长、毛发最浓密、条纹最多？并非如此。这更像是一场边界之争。相邻两片领地上的猴群在这里狭路相逢，双方都使出浑身解数，努力让自己的气味盖过对方的，以此宣告主权。它们首先用尾巴扫一扫上肢的气味分泌腺体，使其充盈着一种独特的麝香味，然后将尾巴高高竖起，轻轻舞动。这种气味便在空气中弥散开来。大家都明白这是什么意思，并且都没有异议：我们是我们，它们是它们，井水不犯河水；这么好的天气，实在不该打架。这样一来，环尾狐猴妈妈和那只小环尾狐猴，便可以和伙伴们一起继续安安稳稳地赶路了。

极乐鸟 / 艳丽的羽毛

　　极乐鸟和乌鸦的个头差不多大，生活在新几内亚、澳大利亚北部以及附近的小岛上。16世纪，当探险家们第一次把极乐鸟带回欧洲时，它们的美令博物学家惊叹不已。人们认为，如此美丽的鸟儿只应天堂才有，所以为其取名极乐鸟。世界上有40多种极乐鸟，有的颜色暗淡，有的鲜艳无比。最美的极乐鸟都是以君王的名字来命名的。图中的这只叫作 Count Raggis（康氏极乐鸟）。谁是 Count Raggis？我们已无从知晓，他的名字却伴随着这种华丽的鸟儿流传至今。

　　图中这只极乐鸟全身大部分羽毛呈棕色，头颈部呈橘黄色，下颚呈绿棕色，喙呈蓝灰色——看上去似乎也没那么惊艳，是不是？这是一只雄鸟，站在下面的雌鸟就更暗淡了。但是，雄鸟在求偶时一定会让你刮目相看。它会在一只或两只雌鸟面前疯狂展示舞姿，时而颔首鞠躬，时而来回移动，最后还会像变魔术一样，迅速抖动鲜艳的橙色或金色羽毛。

　　炫耀使极乐鸟付出了巨大的代价。大量极乐鸟的羽毛成为原住民的头饰和衣饰，以及欧美女士的帽饰。幸运的是，它们所栖息的森林地势险要，人类没办法捕捉到更多的极乐鸟。而且，现在的时尚潮流也发生了改变。世界上现存的极乐鸟终于可以无忧无虑地继续炫耀了。

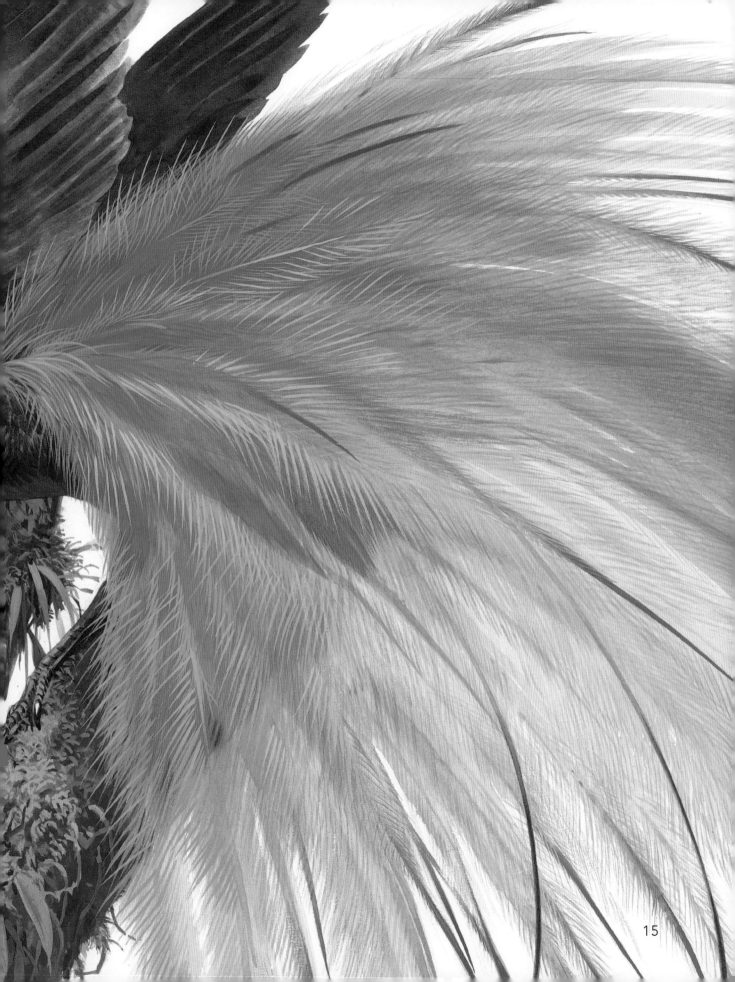

　　赤道上的西北森林郁郁葱葱，一望无垠，山魈（xiāo）便栖息于此，为单调乏味的绿色森林增添了一抹亮色。山魈主要以树叶、水果和昆虫为食。雄性体形略大于雌性，体重可达25千克。年幼的山魈会像其他小型猴类一样爬树，在树枝间跳来跳去；而年长的山魈由于身体笨重，性格更加沉稳，只在近地面处活动。

　　山魈用四条腿行走，走路时四肢伸得笔直，粗短硬挺的尾巴指向天空。只有成年雄性拥有缤纷的色彩——红棕色的胡子、深红色的鼻子、天蓝色的脊状面颊。鲜艳的蓝色脸颊与蓝色臀部首尾呼应，臀部通常还点缀着蓝紫色和红色。这种特征能给它们带来什么好处呢？

　　山魈以小型群居方式生活，通常由一只成年雄性、两三只成年雌性以及它们的后代组成。几个山魈群可能会在一起居住、觅食。不同群体之间偶尔会发生争吵，一般由首领们通过展示来解决。

　　首领通常是拥有红蓝相间面孔和蓝色臀部的"大家伙"。当个头最大的首领把嘴巴张大、上唇内卷、露出粉红色的牙龈和巨大的犬齿时，小家伙们便心领神会。随即，首领转身离开，臀部像灯笼一样醒目。其他山魈在这盏"灯"的指引下紧随其后。还有比这更简单的办法吗？

角雉（zhì）是一种神奇的鸟类，据说它们拥有山羊角一样的角。世界上共有五种角雉，分布在印度、中国和东南亚。角雉栖息在山林里，体形中等，结实健壮，翅膀又短又圆，飞起来呼呼作响。它们在树上栖息，但主要在地上觅食——用强有力的爪子把泥土刨开，再用短小的喙啄食种子、昆虫和其他小型生物。雄性角雉拥有鲜艳的颜色，双眼上方各有一簇羽毛，也许就是这簇羽毛被人们误认为是角；雌性的颜色比较暗淡、朴素。

图中这只红腹角雉十分绚丽。但是，鲜艳的颜色并不一定让它引人注目。如果把这只红腹角雉放在一张白色的餐桌上，华丽的色彩便会使它瞬间成为焦点。然而，如果把它随意放在林中的一片空地上，那么，在棕色草叶、黑色树枝和枯叶的掩映下，它会立刻变得不那么显眼。在对比强烈的明暗光影之中，这只雄性红腹角雉也会像雌性那样与周围环境融为一体。

为了配得上"炫耀者"的称号，也为了引起雌性的注意，这只雄性红腹角雉必须做出一套与平时行走、刨土、觅食大不相同的动作。这套动作必须在地上进行，如果是在起飞和飞行过程中进行，雌性就不会注意到了。只见它绕着心仪的"她"开始转圈，像一架倾斜的飞机那样，将靠近"她"一侧的翅膀低低放下，然后将"角"和颈前的羽毛高高竖起，向"她"飞奔过去。它还会奋力摇晃、抖动身体，让"她"沉醉不已。在炎热的天气里，这一整套动作做下来十分消耗体力，但努力是不会白费的。

澳大利亚褶伞蜥 / *迷惑捕食者*

　　这只蜥蜴体长约75厘米，生活在澳大利亚北部的沙地灌木丛中，以昆虫、蜘蛛、地栖性鸟类的卵以及其他小型动物为食，在白天温度高的时候休息，到了下午才会出来活动。它就是澳大利亚褶伞蜥。

　　一般情况下，澳大利亚褶伞蜥和那些粉色、灰色或棕绿色的蜥蜴看起来没有什么差别。但当受到威胁时，它就会把绕在颈部的那圈乱蓬蓬的"围巾"展开，亮出自己的褶边。这就是澳大利亚褶伞蜥。它的褶边十分特别，由薄薄的鳞状皮肤构成，有时还会呈现鲜艳的颜色；起支撑作用的"伞骨"其实是自舌头向后延伸出来的几根纤细、坚韧的舌骨。它不仅会展开褶边，还会张大嘴巴，露出鲜艳的粉色或蓝黄色口腔，甚至还会一边向前迈步，一边发出"嘶嘶"的声响。

　　如果捕食者以前从没见过褶伞蜥，那么这种阵势一定会让它十分困惑：这家伙刚才看上去还是一只瘦瘦小小、毫无威胁的猎物，怎么眨眼工夫就变成了一只可怕的怪兽？要是它能打开一把伞，变换颜色，还能发出"嘶嘶"的声音，那它很可能还有其他本事……想到这些，捕食者便会到别处去寻找晚餐，以防万一。随即，褶伞蜥也会收起自己的褶边，继续忙活生计。

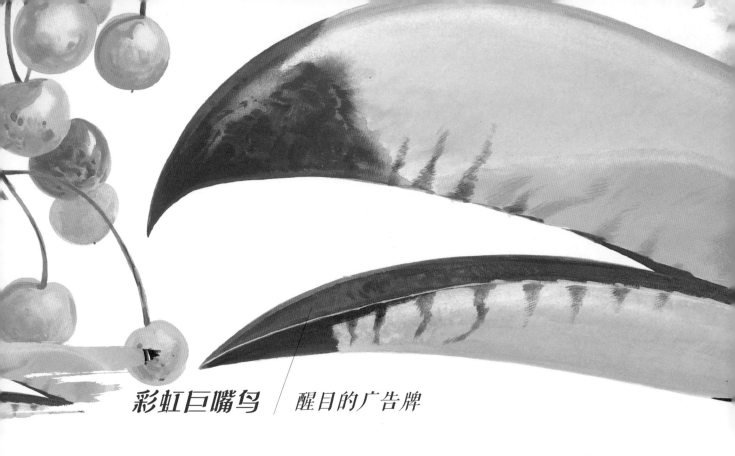

彩虹巨嘴鸟 / *醒目的广告牌*

巨嘴鸟栖息在南美洲和中美洲的森林里。和犀鸟一样，它们也有非常大的喙。图中这只彩虹巨嘴鸟从喙尖到尾尖大约长50厘米，而它那巨大的喙便占据了其中四分之一的长度。

爱思考的巨嘴鸟也许想知道：那些小个子鸟类是怎么依靠它们可怜的小嘴巴生存下来的？和犀鸟一样，巨嘴鸟认为用长长的、圆锥形的喙采摘灌木丛里的水果和浆果再合适不过了，也丝毫不用担心嘴巴太重，因为它们的喙堪称设计杰作。即便是嘴巴大得出奇的彩虹巨嘴鸟，也不会从树枝上一头栽下来或头朝下飞行。

为什么要有这么多颜色呢？所有巨嘴鸟都是彩色的，而彩虹巨嘴鸟的颜色尤其丰富。它的躯干集合了黑色、白色、红色和黄色，头部和喙呈现粉红色、黄色以及两种深浅不同的绿色。这样就算花里胡哨吗？这些深谋远虑的巨嘴鸟自有答案。在南美洲和中美洲至少有35种巨嘴鸟，而且它们可以共享同一片栖息地。为了避免杂交，每一种都要尽可能与其他种类区分开。三种颜色、六种颜色，又有什么关系？而且，天生一个大大的喙，就是要骄傲地展示出来。

珊瑚蛇，牛奶蛇 真假难辨

那些静静滑行的蛇一般都是暗淡的绿色或棕色的，与周围环境的颜色接近。而生活在沙漠中的蛇则拥有截然不同的外观，它们的身体上长有醒目的红色、黄色、黑色斑点或条纹。出于某些原因，它们需要引起其他动物的注意。图中有两条蛇，颜色都很醒目，乍看上去十分相似，让人觉得它们可能拥有相近的亲缘关系。然而事实并非如此。也有人会说，它们是在彼此模仿。那条小蛇是一条有毒的亚利桑那珊瑚蛇，鸟、小型哺乳动物和人类被它咬上一口便会中毒，甚至死亡。那条大蛇是路易斯安那牛奶蛇，也叫王蛇，没有任何毒性。

现在你知道了，这两条蛇中有一条非常危险。那么，如果遇到一条类似的蛇，你会怎么做呢？你可能会把它杀死——不管怎样，安全第一；你也可能会后退几步，离它远远的——这样做更温和一些，也不会惹太多麻烦。无论采取哪种方式，你对待这两种蛇的态度都是一样的，因为它们的皮肤都很鲜艳。对那条没有毒的蛇来说，低调一些，借助暗淡的绿色或棕色藏起来岂不是更好？

图中，位于下方的是危险的珊瑚蛇，大一点儿的是没有危险的牛奶蛇。安全起见，请记住这句话："红色黄色相间，危险就在眼前。"

长耳垂伞鸟 / 高调的华冠

　　不要以为伞鸟长得就像一把伞。伞鸟属于雀形目伞鸟科，它们从喙到尾巴的长度是30～45厘米，生活在南美洲和中美洲的高地森林里，羽毛的艳丽程度各不相同。图中这只雄性长耳垂伞鸟身着深蓝灰色的"西装"，看上去十分优雅。它还有一件醒目的"饰品"，即喉咙下方那条布满羽毛的肉垂，仿佛一条灰色的领带。

　　对于这种鸟的日常生活，我们了解得很少。雌性伞鸟的颜色普遍比雄性伞鸟暗淡，它们会承担起筑巢、孵化、哺育雏鸟的全部工作。伞鸟的"伞"在哪儿呢？原来，"伞"指的是它们头顶上的冠羽。伞鸟兴奋时会把冠羽打开，就像一把遮阳伞或一顶小小的羽毛帽子。

　　求偶时，雄鸟会把自己的"伞"高高竖起，一边来回舞动一边不停地鸣叫，胸前的灰色"领带"也随之摇摆。雌鸟则举着一把"小伞"，仔细打量着它们，也许是在比较它们中谁的"伞"更大、更华丽。或许这就是长耳垂伞鸟的择偶方式，也正是这样的方式才让它们的"伞"得以传承下来。

红秃猴 / 晒得通红

　　秃猴是一种生活在亚马孙雨林里的猴子，体长约50厘米，尾巴仅有15厘米左右——在南美洲猴类中属于比较短的。秃猴一共有三种，一种是黑脸，另外两种是红脸。图中是一只红秃猴，或称红脸秃猴。在三种秃猴当中，它的面部颜色最红。除此之外，它还拥有一身又长又蓬松的红棕色毛发，也许能起到挡雨的作用。

　　我们对红秃猴们的野外生活了解不多，只知道它们住在树上，主要以树叶和嫩芽为食，通常十几只结伴而行，有时也会上百只聚集成群。但是我们不知道红秃猴的头上为什么没有毛，脸为什么那么红。据说，它们的面色在室内会变浅，在阳光下则会变红，这说明它们的面部颜色可能和暴晒或避光有关。我们人类的皮肤在阳光暴晒下也会发红，但很少会像红秃猴那样红。红秃猴的这种颜色应该具有某种炫耀作用，但我们不知道这种炫耀的目的是什么。

　　红秃猴们在动物园里也能生活得很好，但一旦进入圈养环境中，它们便很少繁殖后代了。无论高不高兴，它们看上去都是一副闷闷不乐、很难相处的模样，真是太不幸了。

丽色军舰鸟 | 红气球

  军舰鸟是一种生活在热带海洋上的大型鸟类，羽毛呈黑色或黑白相间，尖尖的翅膀展开后有2米多宽，尾巴呈叉状，体态轻盈，像风筝一样。它们主要以跃出海面的鱼为食，要趁鱼在空中停留时把鱼捉住，这十分考验军舰鸟的技术，因为鱼通常是在很低的位置迅速飞掠海面的，在空中一次只停留几秒。军舰鸟还会掠夺其他海鸟的猎物。它们会跟在一只海鸟后面，拉扯它的尾巴或翅膀，逼它吐出刚刚捉到的鱼，然后在半空中把掉下来的鱼迅速捉住。

  丽色军舰鸟栖息在加拉帕戈斯群岛、加勒比海和非洲西部等地，常在树上或灌木丛中筑巢。图中是一只雄鸟。它正在自己的巢里寻找配偶。只见它展开双翅，红色的喉囊充气膨胀。上空飞过的雌鸟看到后便会被吸引过来。现在，一只雌鸟在它的上方落下，注视着这番情景，认真端详。求偶阶段不需要太久，两三周后便会结束。到时候，雄鸟会收起"气球"，和雌鸟一起全身心地守护那只大大的白色鸟卵。

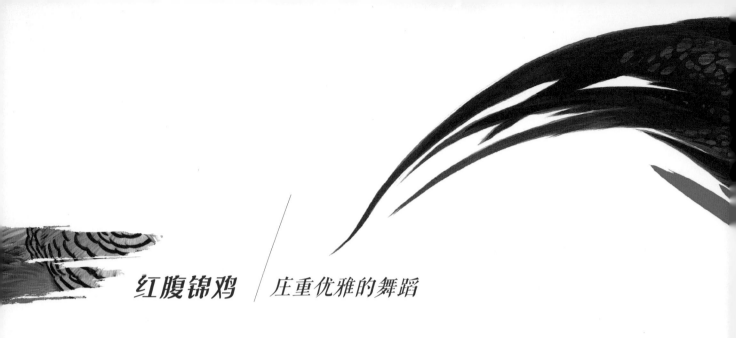

红腹锦鸡 /*庄重优雅的舞蹈*

人们对几种美丽的地栖性鸟类十分喜爱，为它们起名"雉"。雉在圈养环境下可以繁殖或杂交。雄性普遍颜色鲜艳，雌性的颜色则较为普通。有一种雉叫作红腹锦鸡，属于锦鸡属，原本栖息在中国西部山区，现已遍布世界各地的动物园鸟舍和野生动物园。锦鸡颈部有一圈宽宽的领环，头顶有羽冠。领环和羽冠都具有炫耀作用。雄性红腹锦鸡浑身金灿灿的，点缀着黑色和棕色的条纹。雌性红腹锦鸡的羽毛也有几丝金色，但远不如自己的伴侣那般华丽夺目。

求偶时，雄性会用一场优雅而庄重的舞蹈来展示自己——微微颔首，展开双翅，高高竖起尾羽。"他"同时在三四只雌性面前展示舞姿。"她们"看上去丝毫不为所动，实际上通常会被"他"的魅力折服，最终与"他"结为伴侣。生物学家把这些雌性称作雄性的眷群。每只雌性红腹锦鸡都会筑一个巢，产下至少十几枚卵，然后再花三到四周时间来孵化。所有的卵会同时孵化出雏鸡。再过两三周，锦鸡妈妈便会独自带着叽叽喳喳的小锦鸡们去寻找食物，根本不需要"她"那位俊俏的丈夫帮忙。

主刺盖鱼 / 纤细而美丽

你也许在淡水鱼缸里见过美丽的热带鱼，但十有八九没有见过图中这种鱼。这种鱼叫主刺盖鱼，生活在大海里，大多在热带珊瑚礁之间活动。一片珊瑚礁能养活好几种刺盖鱼和鲳鱼。它们大多和热带雨林中的鹦鹉一样，拥有各种鲜艳的颜色，不过，二者虽然长得很像，但并没有很近的亲缘关系。

主刺盖鱼呈楔形，从鼻子到尾巴长约30厘米，厚度却只有2.5～5厘米。从正面看，它们几乎会消失不见；从侧面看，它们那丰富的条纹、图案和色彩就十分醒目了。主刺盖鱼拥有五彩斑斓的颜色，蓝色、琥珀色、黄色和金色相互搭配，十分迷人。

不过，这种鲜艳的颜色并不是伪装色。如果主刺盖鱼试着躲藏起来，任何潜游水下的动物都会认为它们的伪装太失败了，至少逃不过人类的眼睛。这种引人注目的颜色和花纹更像一种身份标签，即使是在水下浑浊或光线不好的地方也能帮助同类准确地辨认出自己。主刺盖鱼的巢一般位于岩石之间。它们在巢里产卵，夫妻双方共同承担保护鱼卵的责任。小鱼孵化出来后，最先看到的会动的物体便是自己的父母，因此，它们以后也能很好地辨认出自己的同类。

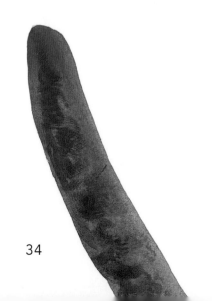

帝王蝶 | 警示色

　　蝴蝶看上去既精致又脆弱——翅膀极易受损或折断，躯干也经不住一点儿风。然而，有这样一种蝴蝶，翼展仅10厘米，却会在每年秋天从加拿大和美国北部地区出发，穿越北美大陆，飞到加利福尼亚州、佛罗里达州和墨西哥去过冬。

　　这就是顽强的帝王蝶。它们的翅膀两面都有花纹，因此也非常容易辨认。帝王蝶幼虫差不多有5厘米长，拥有醒目的橙色、黄色和黑色条纹。对捕食者来说，帝王蝶成虫和幼虫都具有毒性。幼虫以马利筋草为食，体内便聚集起马利筋草汁液里的毒素。这种汁液对幼虫无害，却会使捕食者呕吐或死亡。吃下帝王蝶或帝王蝶幼虫的鸟儿大都会觉得难以下咽，所以会在几分钟之后把它们吐出来。如果没有吐出来，这只鸟就会吸收毒素，然后一命呜呼。

　　当然了，即使把吃掉的帝王蝶或帝王蝶幼虫吐出来，也无法起死回生。但是，鸟儿很快就能学会如何避免这些糟糕的体验。有了"前人"的教训，鸟儿们以后也许就不会再碰帝王蝶或帝王蝶幼虫了，从而使帝王蝶这个物种安全无虞。

招潮蟹 / *疯狂的音乐家*

　　螃蟹的个头有大有小，有大到1米多长的杀人蟹，也有小到不足3厘米的豆蟹。招潮蟹属于体形较小的螃蟹。图中这只雄性招潮蟹来自南美洲，蟹壳宽约5厘米，还有一只和蟹壳差不多大的大蟹螯。这个大蟹螯位于招潮蟹的下颚处，像一把小提琴，所以招潮蟹在英文中又叫提琴手蟹。雌蟹和雄蟹个头相仿，蟹螯却比雄蟹小得多。它们住在低浅的热带海洋潮间带和河口处。落潮时，沙滩或泥滩上便会出现成千上万只招潮蟹，有雄蟹也有雌蟹。它们趴在小小的洞口，刨出泥沙里的小型动植物，以此为食，彼此互不打扰。每次涨潮，沙滩上都会出现一些新的食物。

　　招潮蟹既不拨弄也不拉响它的"小提琴"，只会在空中有节奏地挥舞，有时还会一边挥舞一边发出"咔嚓"声，就像一支疯狂的管弦乐队。不同种类的招潮蟹具有不同的挥舞动作，但传递的信息大同小异——告诉其他雄蟹"离我远点儿"，告诉雌蟹"到我这儿来"，也许还有助于刺激雌蟹进入繁殖状态。大螯不仅是一种用来炫耀的工具，偶尔也会被雄蟹当作武器，用来攻击自己的对手，展开一场激烈的"螃蟹空手道"比赛。

河马 亮出牙齿

　　虽然河马的字面意思是"河里的马"，但一般的河马跟马没有什么关系。如果按照生物亲缘关系和生活方式来命名，"河猪"倒是更合适一些。河马住在热带非洲的沼泽、芦苇河床和河流里。天气晴朗炎热的时候，它们要么躺在水中，只把眼睛、耳朵和鼻孔露出水面；要么在泥塘里打滚，让光秃秃的皮肤保持湿润。夜晚降临之后，它们才会出来活动，在清凉的夜色中埋头吃草。

　　河马以群居形式生活。一个河马种群的数量可多达100只，雌河马和幼崽在中心区域，雄河马分散在边缘，各自占据一小块领地，生活简单、积极而悠闲。雌河马和小河马很少吵架，雄河马也认为没什么可吵的。不过，一旦发生越界行为，雄河马就会通过展示（而不是使用）自己的"武器"来解决麻烦。它大大地张开嘴巴，可能只是打个呵欠，但同时也亮出了令人生畏的门牙和犬齿，这是它在激烈而血腥的打斗中将要使用的武器，不过，它得先保证自己清醒的时间足够长才行。

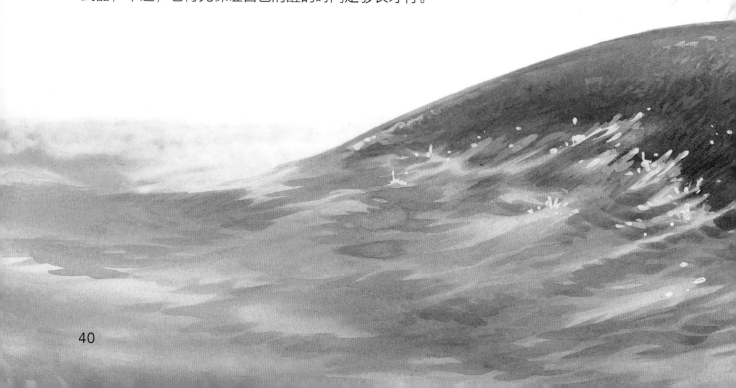

箭毒蛙 / 森林里的信号灯

　　图中是三只来自南美洲和中美洲热带雨林的箭毒蛙，每一只体长都不超过5厘米。尽管有时也会出现在地面上，但它们实际上是树栖性蛙类。它们生活在树皮上的潮湿苔藓中，在小水洼里游泳、寻找昆虫幼体，还会用背上的囊背着自己的卵和小蝌蚪。

　　根据丛林法则，蛙对很多种类的蜥蜴、鸟和猴子来说都是一份可口的食物。大部分蛙类凭借与环境一致的颜色来增加生存机会，而这些箭毒蛙像小信号灯一样明亮醒目。有人说，这是因为它们是有毒的——鲜艳的色彩可以对捕食者起到警示作用，可能是在警告捕食者：我们同其他蛙类和蟾蜍一样难吃，而且有毒。这样的教训立竿见影，并且令捕食者终生难忘。

　　它们确实有毒。人们就连摸一下中间那种黄色的箭毒蛙都会中毒。印第安人还从另外两种箭毒蛙身上提取出毒性很强的神经毒素，涂在自己的箭头上。丛林法则因此而逆转。那些意欲捕食箭毒蛙的动物，比如蜥蜴、鸟和猴子，即使只是被涂有蛙毒的箭头蹭破一点儿皮，也会在短短几分钟之内丧命。

　　🅘 箭毒蛙有多种不同的颜色。

词汇表

螯，蟹螯 claw

鲳鱼 butterfish

宠物 pet

刺盖鱼 angelfish

打斗，攻击 fight

毒 poison

繁殖季 breeding season

海豹 seal

海洋 ocean

河马 hippopotamus

猴子 monkey

蝴蝶 butterfly

狐猴 lemur

极乐鸟 birds of paradise

角雉 tragopan

颈毛 ruff

巨嘴鸟 toucan

军舰鸟 frigate bird

蝌蚪 tadpole

壳 shell

孔雀 peacock

盔突 casque

卵 egg

模仿 mimicry

栖息地 habitat

狨猴 tamarin

伞鸟 umbrella bird

沙漠 desert

珊瑚礁 coral reef

山魈 mandrill

蛇 snake

秃猴 uakari

蛙 frog

犀鸟 hornbill

蜥蜴 lizard

象鼻 trunk

野生动物保护区 game park

羽冠 crest

羽毛 plumage/plume

展示 display

雉，锦鸡 pheasant

图书在版编目（CIP）数据

解锁动物生存密码 . 炫耀达人 / 懿海文化著、绘；
高琼译 . -- 北京：科学普及出版社，2023.7
　ISBN 978-7-110-10542-9

　Ⅰ . ①解… Ⅱ . ①懿… ②高… Ⅲ . ①动物－普及读
物 Ⅳ . ① Q95-49

中国国家版本馆 CIP 数据核字（2023）第 030825 号

策划编辑	李世梅	马跃华
责任编辑	王一琳	孙　莉
版式设计	许　媛	
封面设计	巫　粲	
责任校对	张晓莉	
责任印制	马宇晨	

出　　版	科学普及出版社
发　　行	中国科学技术出版社有限公司发行部
地　　址	北京市海淀区中关村南大街 16 号
邮　　编	100081
发行电话	010-62173865
传　　真	010-62173081
网　　址	http://www.cspbooks.com.cn

开　　本	889mm×1194mm　1/16
字　　数	240 千字
印　　张	21
版　　次	2023 年 7 月第 1 版
印　　次	2023 年 7 月第 1 次印刷
印　　刷	北京瑞禾彩色印刷有限公司
书　　号	ISBN 978-7-110-10542-9 / Q·282
定　　价	298.00 元（全 6 册）